小学生
趣味
大科学

看不见的生物
病毒、细菌

恐龙小 Q 少儿科普馆 编

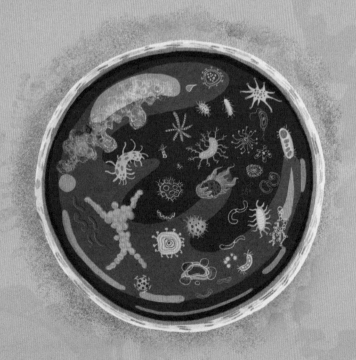

吉林美术出版社 | 全国百佳图书出版单位

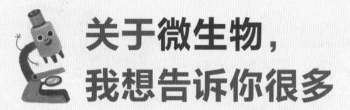

关于微生物，
我想告诉你很多

　　说出来可能你不会相信，我们的星球其实是一个微生物星球，形形色色的微生物遍布世界的各个角落，它们就是我们这本书要讲的细菌、病毒和真菌。

　　如果你手里有一个能够看到微生物的"放大镜"，透过镜片你就会发现，这些微生物才是真正的"世界公民"：一张半新的纸币上沾有 30~40 万个细菌，一克重的土块里生活着数亿个微生物。除此之外，这些微生物还躲在水管里、食物上、人的肠道里……现在，你只要伸出一只手，手掌上面就密密麻麻地布满了微生物，这绝不是危言耸听。

其实，这些微生物的"祖先"早在 30 多亿年前就生活在地球上了，它们出现的时间远远早于人类的出现时间，只是因为它们的个头儿实在太小了，就成了地球上的"隐居者"。直到 17 世纪后期，列文虎克制作了能放大 200~300 倍的显微镜以后，微生物才开始向人类展示它们的无穷奥秘。

虽说微生物生活在"暗处"，但这并不妨碍我们更多地了解它们。近几十年，很多曾在全球"横行霸道"的致病微生物已经得到控制，而那些"好"的微生物则在生活的很多方面为我们提供服务。

现在，人类发现的微生物种类还只是微生物家族中很小的一部分，大多数微生物仍然默默无闻地待在它们数十亿年来生活的地方，等待我们去发现、研究和应用。了解微生物，并不只是生物学家的事情，现在我想邀请你一起走进微生物的世界。

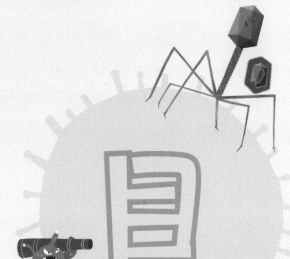

目

微生物家族

微生物在自然界中的分布很广，空气中、土壤里、水中，甚至人的皮肤和头发上、口腔和肠道里，都存在着大量的微生物。

微生物是什么？

微生物是指一类微小生物，一般情况下肉眼是看不见的。它们形体微小、构造简单，它们中的大多数需要借助显微镜才能被看到。

想看到它们，得靠俺！

地球上的生物种类大约有150万种，其中微生物的种类就有数十万种。

生物界的"小个子"

微生物个头儿很小，只能用"微米"或"纳米"这种小的长度单位来表述它们。即使一个大个儿的杆菌，"身高"也只有一粒米的三百分之一。

哈，这座"山"可真高！

家族主要成员

微生物的家族成员包括细菌、病毒、真菌等。

细菌

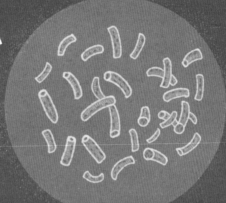

细菌由一个细胞构成，它们到处都是，有"好"有"坏"，而且大多数细菌都喜欢"群居生活"。

这是肠道里的大肠杆菌。

病毒

这些绿色的病毒正在入侵细胞

在微生物家族中，病毒的个头儿最小，它靠进入别的生物的活细胞里生活。

真菌

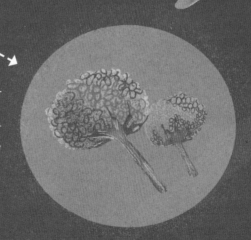

有的真菌能让人生病，有的却是"厨艺大师"。一些真菌会导致食物发霉，人吃了发霉的食物往往会生病；一些真菌却是食物的发酵剂，能够创造出难得的美味，比如酸奶、葡萄酒等。

神奇的细菌

细菌是微生物的一大类，大小约一至数微米。它遍布于我们生活中的各个角落，从水管里滴出的一小滴水里面就有千千万万个细菌。细菌是单细胞的微小生物，它的内部结构非常简单。

荚膜——防护外衣

某些细菌的细胞壁外包裹着一层黏液性物质，它的名字叫"荚膜"。可不要小瞧荚膜，它可是细菌致病的重要毒力因子。

细胞膜——运输系统

在细胞膜上隐藏着小型通道，那是细菌的运输系统，能输送营养、排出废物。

细胞质

细胞膜包裹着的溶胶状物质。

核质——DNA 档案

细菌的遗传物质称为"核质"。

菌毛——许多触手

很多细菌长着小触手一样的菌毛，它们能使细菌牢牢地吸附在它想待的地方。

细菌的外形

细菌长得千奇百怪，很多甚至是我们想象不出来的样子。不过，按细菌的外形区分主要有球菌、杆菌和螺旋菌三大类。

球菌
圆球状或近似球状

杆菌
杆状或类似杆状

螺旋菌
弯弯曲曲的螺旋状

细胞壁

细胞的保护屏障。

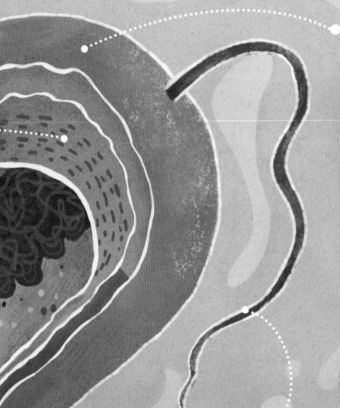

你瞅你胖的，是不是该减肥了？

我这不是胖，我这是丰满！

杆菌

球菌

螺旋菌

胖瘦无所谓，重要的是得有我这种完美的曲线。

鞭毛——运动器官

有些细菌长着长长的"尾巴"，这些"尾巴"叫鞭毛。鞭毛好像船桨，不仅能够快速推动细菌前进，还能改变细菌的运动方向。

细菌的气味

很多细菌是有气味的，比如放线菌有雨后泥土的味道，绿脓杆菌有山梅花味。还有一些细菌会组团"制造"气味，比如嘴巴里的牙菌斑会造成口臭，而待在腋窝中的一些细菌会让腋窝散发汗臭味。

聪明的家伙

细菌虽然是单细胞的生物,但这并不能证明它"头脑"简单。现代生物学研究发现,细菌具有和高等生物类似的特性,很多情况下,细菌还是非常聪明的。

适应力强

细菌无处不在,水、空气、土壤、人和动物的身上都有细菌。细菌的适应能力很强,甚至在极端的环境中它们也能找到办法生存下来,比如深海和真空。

自食其力

在细菌大家庭里,有些细菌能自己制造"食物"来维持生命,它们是可以"自食其力"的。

这些古老的岩石中也生活着细菌。

通过光合作用,这些细菌能为自己生产出有机物。

来呀来呀!

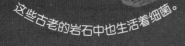

交流沟通

细菌虽然不能像人一样说话,但是它们之间也是可以交流的。它们通过释放信号分子等方式来表达自己的"想法",比如"营养怎么分配""什么时候发起进攻"等等。

集体协作

细菌很有组织性,它们喜欢集体行动。比如会发光的海洋菌类,为了发出足够亮的光,它们发光的时候会召集很多的小伙伴。

短尾乌贼只有半个拇指大,小身材的它有一项绝技——身体会发光。但这可不是它自身的技能,而是依靠了一种会发光的细菌。

人是由细菌组成的？！

在我们的身体里，生活着很多很多的细菌。法国遗传学家杜斯科·埃尔利希说，人体内的细菌有将近两千克重。在我们的皮肤表面、口腔、呼吸道、消化道等处都能发现细菌的身影。

我们身体中 90% 的细胞是细菌。

人体肠道中居住着很多种细菌，它们被称为"肠道菌群"。按照对人体的利害关系，肠道菌群可分为以下几种：

细菌档案

益生菌
有益于健康的"好菌"，比如乳酸菌。

中性菌
菌群中的"墙头草"，正常状态下对人体有益，一旦发生位置转移或数量增多，就可能引发疾病。

致病菌
导致人生病的"坏菌"，多数都是从外界进入肠道的，比如霍乱弧菌。

很多细菌生活在湿润的鼻腔和口腔中。

人的一只手掌上可能存在着 100 多万个菌。

平滑干燥的前臂上生活着不同种类的细菌。

腋窝下，差不多有 50 多种细菌活跃于此。

对人体有益的肠道益生菌

在我们的身体里，肠道中的细菌数量最多，其中有一些是益生菌。益生菌是对人体有益的活性微生物，让我们一起来看看它们有哪些益处吧。

这里面工作的可都是肠道益生菌。

嗨，没法儿活了。

报告，那边有病菌。

参与消化，分解还没有被消化的食物。

打扫腐败物质，改善便秘或腹泻症状。

促进营养吸收。

调节免疫功能，缓解过敏症状。

抢占地盘儿，将有害菌赶走。

帮助抵抗病菌的侵害。

发出病菌的定位信号。

促进肠道蠕动，增强肠动力。

细菌入侵

能引发疾病的细菌被称作**致病菌**。它之所以能致病，是因为它有毒力和侵袭力，能够冲破宿主的防线，在宿主体内定居、繁殖、扩散。

引发百日咳的百日咳杆菌会损伤支气管，使患者出现咳嗽和呼吸不畅等症状。

引发嗓子发炎的链球菌产生的酶物质，能协助细菌快速扩散，使患者出现咽喉肿痛等症状。

细菌是怎样进入人体的？

细菌可以通过呼吸道、消化道等进入人的身体，除此之外，皮肤上的伤口也会成为细菌进入人体的通道。破伤风就是细菌（破伤风杆菌）进入伤口后引起的感染。

人体抵抗细菌的三道防线

第一道防线：皮肤、黏膜及其分泌物。

第二道防线：体液中的杀菌物质和吞噬细胞。

它们是记录在案的犯罪分子，快把它们抓起来！

第三道防线：主要由免疫器官和免疫细胞组成。

皮肤阻挡了我前进的脚步。

吞噬细胞来啦，快逃！

哎哟，我要被吞掉了！

第一道防线可起到阻挡细菌和"清扫"异物的作用。

第二道防线会和细菌"战斗"，"吞掉"或溶解致病菌。

第三道防线一般只对某一种特定的细菌起作用。

呀，伤口感染啦！

皮肤被不小心划破后，如果没有及时处理，很可能会引发伤口感染。

细菌通过伤口侵入体内，在细胞内发动战争，释放出的毒性会使皮肤泛红、疼痛。这时，白细胞会及时赶到，发挥吞噬和杀菌作用，过程中会引发伤口肿胀，有时还会形成脓液。

冲啊，白细胞！

抗生素的故事

如果有人因不小心感染了细菌而生病，医生就会给他开对抗细菌的药，这类药便属于抗生素。正确合理地使用抗生素，能对病人身体中的致病细菌起到杀灭或抑制作用。

抗生素的发现

1928 年，英国细菌学家弗莱明在培养一种葡萄球菌时，发现培养皿里面出现了一团陌生的青绿色霉菌，霉菌周围的葡萄球菌大量死亡。弗莱明发现，这种霉菌产生的物质可以攻击葡萄球菌。之后利用这种霉菌，药学家们配置出了第一种抗生素——青霉素。

抗生素的作用

抗生素多被用来治疗细菌性感染。

16

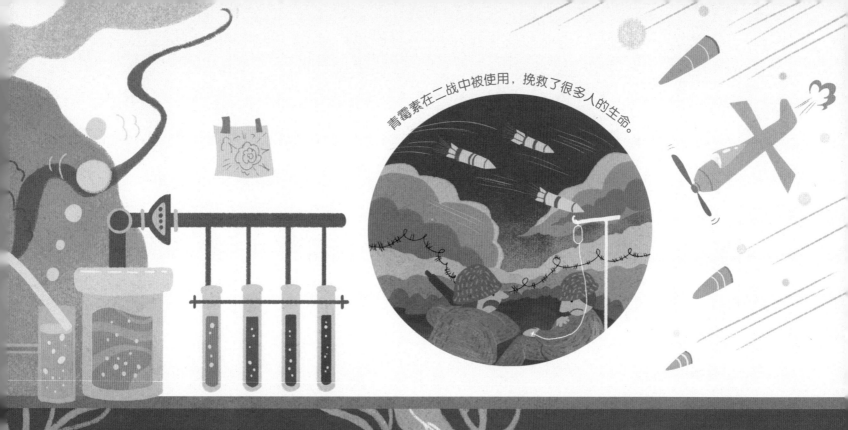

青霉素在二战中被使用，挽救了很多人的生命。

细菌的耐药性

哈哈，我们不怕你！

在被对抗的细菌中，很可能存在几个强大的细菌，它们可以抵挡某种抗生素的攻击，也就是我们常说的具有耐药性。

超级细菌

谁来咱们都不怕！

在具有耐药性的细菌里面，有一些细菌能抵挡多种抗生素的"追杀"，它们就是"超级细菌"。

"各显神通"的细菌

很多细菌拥有神奇的能力，在我们看不见的世界里"各显神通"。

"呼风唤雨"的细菌

有一类神奇的细菌能够引起降雨，甚至有一些科学家认为，地球上80%的降雨都要归功于这类细菌。它们中的杰出代表是丁香假单胞菌。

丁香假单胞菌有一种特殊的蛋白质，这种蛋白质能将水凝结成冰。

当丁香假单胞菌攻击植物的时候，它身上的蛋白质就开始发挥结冰的威力了。

"铁齿铜牙"的细菌

有些细菌热衷于"吃"金属，之后再排出金属"便便"，使金属聚集。这类细菌常被用来开采黄金。

向天空进发！

啾啾！

好冷啊！

能发电的细菌

有些细菌可以发电，它们不仅能把电荷"吃"进去，还能靠体内的新陈代谢活动排出电荷"便便"。

丁香假单胞菌飞入云层，使云层中的水汽凝华成冰晶。

有磁性的细菌

趋磁细菌因为体内有磁小体，所以它们能像指南针一样"趋南"或"趋北"。

冰晶在降落过程中融化成水滴，形成雨。

能分解油污的细菌

嗜油菌能够分解海洋油污。它们种类众多，分工明确：有些能分解油污中的毒素，有些能将油污转化成二氧化碳和水。

奇怪的病毒

在生活中，我们有时会感冒。感冒就是病毒进入我们身体后引起的呼吸道传染病，导致我们出现发烧、流鼻涕等症状。那么，病毒到底是什么呢？

小小的病毒

病毒非常非常小，我们需要借助电子显微镜将其放大几万甚至几十万倍，才能看到它们。

电子显微镜下，大多数噬菌体的样子很像小蝌蚪。

这才是它们真实的"身体"结构。

病毒的结构

通过电子显微镜观察病毒，你会发现它们连最基本的细胞结构都没有，可以说就是一个蛋白质外壳包裹着一些遗传物质。

病毒的蛋白质外壳叫作"衣壳"。

病毒"肚子"里的病毒核酸（DNA 或 RNA）存储着病毒重要的遗传信息，病毒感染、复制、变异等都是病毒核酸的"功劳"。

病毒非常奇怪，它们平时一动不动，好像死了一样。但是一旦进入易感的活细胞，它们就会变得非常活跃。

病毒不会自己繁殖，它们只能进入细胞内"强迫"其为自己繁殖后代。

进入细胞的病毒通过复制的方式扩充队伍。

入侵细胞

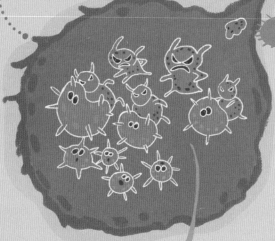

我要控制细胞，让它为我服务！

话说，我这辈子唯一的追求就是打入细胞内部。

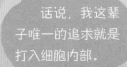

1 如同飞机着陆一样，病毒会先吸附在细胞的表面。

2 之后病毒会利用一把"蛋白钥匙"，开启细胞之门。

3 病毒进入细胞内部以后，就会像变形金刚一样"变形解体"，然后"装配重组"。

4 新病毒会冲出细胞，然后继续执行同样的细胞侵占工作。

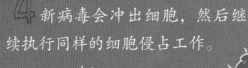

感冒来袭

普通感冒病情较轻，但会有几天的难受期，可能会出现鼻塞、流鼻涕、打喷嚏、发热等症状。

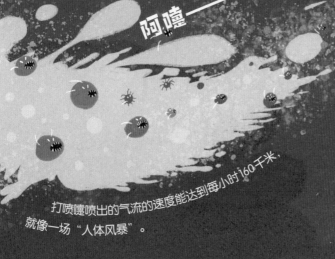

阿嚏——

打喷嚏喷出的气流的速度能达到每小时160千米，就像一场"人体风暴"。

鼻病毒，众多感冒病毒中的一种，是常见的感冒病毒。

突袭的感冒病毒

寻找目标

有人因为感冒打了一个大喷嚏。正是因为这个喷嚏，感冒病毒趁机从患者体内跑了出来，并迅速寻找新的目标。

感冒没有好的治疗方法，感冒药无法直接将感冒病毒杀死，但可以减轻症状。

穿越防线

感冒病毒在新目标的鼻子里稍作停留，然后穿过鼻毛，随着呼吸冲到鼻腔深处，到达咽喉。

鼻毛

呀，吼！

乔装打扮

之后感冒病毒会把自己伪装成人体需要的物质，进入到咽喉细胞内部。

小·细胞乖乖，把门开开。

病毒工厂

被入侵的细胞成为了感冒病毒的"工厂"。在"工厂"里面，成千上万个新病毒被生产出来，之后它们即刻行动，去感染其他细胞。

感冒的传播途径

飞沫传染

直接接触

团伙作战

感冒病毒入侵细胞之后，会建立起一支病毒大军，然后一起深入细胞核。

这场"侵略战争"带来的后果轻则是一场普通感冒，重则可能会发展成为严重的肺炎。

间接接触

免疫细胞反击战

白细胞是人体重要的防卫队，不同种类的白细胞有不同的分工。流感病毒进入人体以后，各种白细胞会组成一支强大的军队，一起对抗病毒。

对抗流感病毒的白细胞战队主力军

 吞噬细胞

具有吞噬能力的白细胞。

 淋巴细胞

包括 T 淋巴细胞、B 淋巴细胞等。

吞噬细胞一旦"嗅"到有病毒入侵，会快速赶到"现场"，把病毒吞进"肚子"里。

 T 淋巴细胞：赶赴战场，追踪被感染的细胞并将它们消灭掉。

 B 淋巴细胞：擅长远程打击，无需赶赴战场就能一招致命。

第一波进攻

细胞受到病毒感染后，吞噬细胞会先察觉到敌情，之后立即汇聚，吞掉病毒，然后自我毁灭。

第二波进攻

T 淋巴细胞出动，找到感染细胞，在细胞内部歼灭病毒。

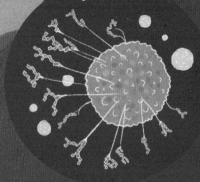

同时，B 淋巴细胞研发出尖端武器——抗体，并进行远程打击，牵制住敌人。

还有一些吞噬细胞吞下被牵制住的病毒，将其一举歼灭。

战役结束，流感病毒被消灭，淋巴细胞记忆小分队在体内巡逻。

这场战争会引发一系列炎症反应。

炎症反应

流鼻涕 部分吞噬细胞完成职责之后自我毁灭的堆积物，与黏液一起形成鼻涕。

咳嗽 清除咽喉中大量细胞碎片的办法是咳嗽。

发烧 病毒很怕热，身体创造出超过正常体温的环境，这样可以抑制病毒繁殖。

免疫系统与病毒的斗争大概需要一周的时间。一周过后，普通的流感一般会痊愈。

星期一	星期二	星期三	星期四	星期五	星期六	星期日

细菌杀手——噬菌体

病毒并不都是会让人生病的大坏蛋，比如有一种病毒就喜欢"做好事"。它们能"吃"掉细菌，常被人们用来治疗细菌感染，它们就是噬菌体。

科幻外形

噬菌体的外形很科幻，多面体头部造型，蜘蛛腿一样的"爪子"，使它看上去很像一个仿生机器人。

工作达人

噬菌体对付细菌的时候，会先在细菌身上钻个洞，然后像打针一样将自己的 DNA 注射到细菌里。

先降落到"地面"，然后再深入"探测"。它工作时的样子，就像一个外星探测器。

特殊的病毒

噬菌体在自然界中分布极广，有细菌的地方就可能有相应的噬菌体，比如泥土、水中、人体肠道里……其中，含噬菌体最丰富的地方是海洋。

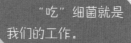

"吃"细菌就是我们的工作。

固定食谱

噬菌体喜欢"吃"细菌，它们往往有各自固定的"食谱"：有的喜欢"吃"人体内的大肠杆菌，有的喜欢"吃"让植物枯萎的细菌，还有的喜欢"吃"伤口处滋生的细菌。

被烧伤、烫伤的皮肤上容易滋生绿脓杆菌，医生便用喜欢这种细菌的噬菌体来治疗烧伤、烫伤。

看招!

好痛。

变化莫测的病毒

病毒不是一成不变的，有时候病毒的变化甚至会让人类无法应对。这种情况之下，很有可能会引起病毒传播。

落伍的免疫系统

病毒在繁殖的过程中，会因一些因素的变化而发生改变，这种变化叫作"病毒变异"。流感病毒变异以后，会导致身体的免疫系统无法识别它。

这是病毒的变装术

有时候是病毒自身发生了改变。

有时候是两种病毒"碰撞"发生了重组。

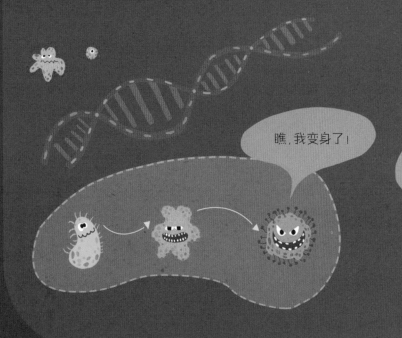

病毒变异带来的麻烦

病毒变异会带来很多麻烦，比如一些人类感染的流感病毒就有可能是由动物身上的病毒变异而来的。

❋ 猪能同时感染鸟类和人类的流感病毒，产生鸟类与人类流感病毒的重组病毒，成为毒力强大的流感病毒的源头。

猪感染了
人类的流感病毒

猪感染了
鸟类的流感病毒

两种病毒在猪体内形成
一种新的重组病毒

❋ 这种流感病毒也有可能传染到人的身上，并在人与人之间互相传染。

"智慧型" 致命炸弹

病毒虽然小到肉眼不可见，却足以致命。它们会锁定人类，然后发动恐怖袭击。它们之中有很多目标明确的"智慧型"选手，会针对人体的某个部位精准打击，然后一招致命。

致命病毒

攻击力：★★★★★ 大多能置人于死地
耐药性：★★★★★ 几乎无药可挡
定位："智慧型"

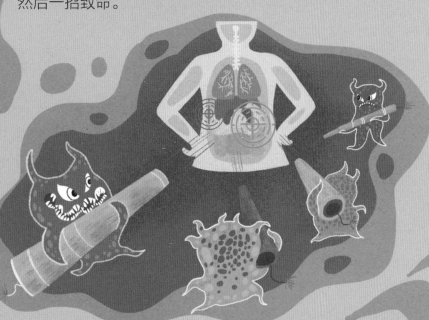

"超级癌症" 艾滋病病毒

攻击部位：免疫系统

艾滋病病毒，又叫人类免疫缺陷病毒（HIV），它主要攻击人体的免疫系统，使人体丧失免疫功能，变得不堪一击。

艾滋病病毒大约在 20 世纪 50～60 年代就已经出现了，这种病毒起源于野生的灵长类动物，并经某种黑猩猩传给了人类。

"恐水症" 狂犬病病毒

攻击部位：脑部

狂犬病病毒会引发一种严重的急性传染病——狂犬病。狂犬病病毒主要通过带病毒的猫、犬等动物传播，人类感染后会出现怕水、呼吸困难、咽喉肌痉挛等症状，最后会因呼吸器官衰竭而死。

能引发传染性非典型肺炎的冠状病毒

攻击部位：肺部

由这种冠状病毒引发的传染性非典型肺炎，主要症状为发热、咳嗽、呼吸急促等，严重时会因呼吸器官衰竭而死。

肝炎病毒

攻击部位：肝脏

肝炎病毒是引发甲型、乙型等病毒性肝炎的元凶。这些病毒有可能是随着不干净的食物被人们吃进肚子里的，严重时会危及肝脏。

被"驯服"的病毒——疫苗

病毒是有危害性的，会引发很多疾病。但是病毒也是可以被利用的，最典型的就是人类利用病毒制造了疫苗，以此预防传染病。

什么是疫苗？

疫苗是被"驯服"的病毒，这种病毒失去了破坏能力，会为人类服务。

我是1号服务员。

我是2号服务员。

疫苗为何能预防传染病？

疫苗会把病毒的信息"告诉"免疫系统，利用免疫系统的记忆功能对抗病毒。

改变病毒

制造疫苗前要先提取病毒。科学家们会从感染者身上提取病毒，然后用各种生物技术手段改变它，从而进行疫苗的研发和制造。

我要洗心革面，做个好病毒。

有些疫苗是将提取的病毒杀死，而有些疫苗则是将病毒的毒性减弱。

记忆存档

疫苗被注射到人体后，会激发免疫系统做出反应，免疫系统因此获得了病毒的信息，形成记忆。

就是它，你们一定要记住它的长相！

火眼金睛

当外界致病病毒侵入人体的时候，免疫系统就会根据记忆快速识别出这种病毒，然后立即消灭它们。

这些病毒跟我们的记录一致，拿下！

疫苗的发明

种痘

11世纪时，中国人就已经学会了利用"种痘"的方式预防天花。根据文献记载，人们会把天花病人的痘浆送入接种者的鼻孔，使接种者轻度感染后获得天花病毒的免疫力。

是"种瓜得瓜，种豆得豆"的"种豆"吗？

这样就不用惧怕天花啦！

真是神医呀，神医！

18世纪，英国医生琴纳发现了牛痘与天花之间的联系，他在健康人的身上接种了牛痘提取液，使其获得了天花病毒的免疫力。

疫苗的种类

灭活疫苗

科学家将病毒的"毒力"完全消除，然后将其制成疫苗打到人体内。这时，虽然病毒没有能力干坏事了，但免疫系统仍会消灭并记住它。

减毒疫苗

科学家先将病毒的"毒力"减弱，再将其制成疫苗打到人体内。这时，人体内的免疫系统见到虚弱的病毒，就会消灭并记住它。

牛奶女工不易感染天花病毒，是因为她们经常同牛接触，很可能手上得了牛痘，产生了抗体。

真菌世界

在微生物王国里，真菌应该算是"巨人家族"了，因为很多真菌肉眼可见。真菌种类繁多，样子千奇百怪，常见的有霉菌、酵母菌、蘑菇等。

霉菌

霉菌的种类很多，如天气湿热时衣服上长出的黑霉、食物发霉后的斑点等。

这些密密麻麻的细丝叫作"菌丝"，它们的一端向上生长，一端往下"扎根"，深入机体内部。

真菌为什么附着在食物上？真菌不能自己制造养分，因此它们通过分解食物中的养分来养活自己。

这些像芝麻一样的小颗粒是孢子，它们是霉菌繁殖的"秘密武器"。孢子成熟后会脱落、飘散，遇到适合的环境便会再次"扎根"。

真菌有好有坏

1. 长在身体上的"坏家伙"

长在身体上的"坏家伙"——皮癣，就是对人身体有害的真菌。潮湿又温暖的地方，最容易滋生这类真菌。

这里温暖又潮湿，我们好喜欢！

酵母菌

酵母菌常被用在日常烹饪中，比如蒸馒头、烘焙蛋糕等。酵母菌能使面团产生许多小气孔，这使得面食做好后松软又好吃。

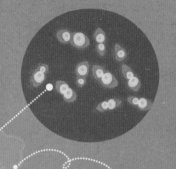

蘑菇

蘑菇是大型真菌，有很多种类，有些能吃，有些不能吃。误食有毒的蘑菇会造成食物中毒。

2. 烹饪界的"美味达人"

毛豆腐

是我们让豆腐的口味变得更独特哟!

它们哪些能吃哪些不能吃?

植物蛋白经过发酵，会增加豆腐的风味。

面包发霉记

如果不注意保鲜，面包放久了就会发霉，发霉的部位由小变大、从外到里，很快这片面包就没办法再吃了。这个时候，扔掉它是我们唯一的选择。

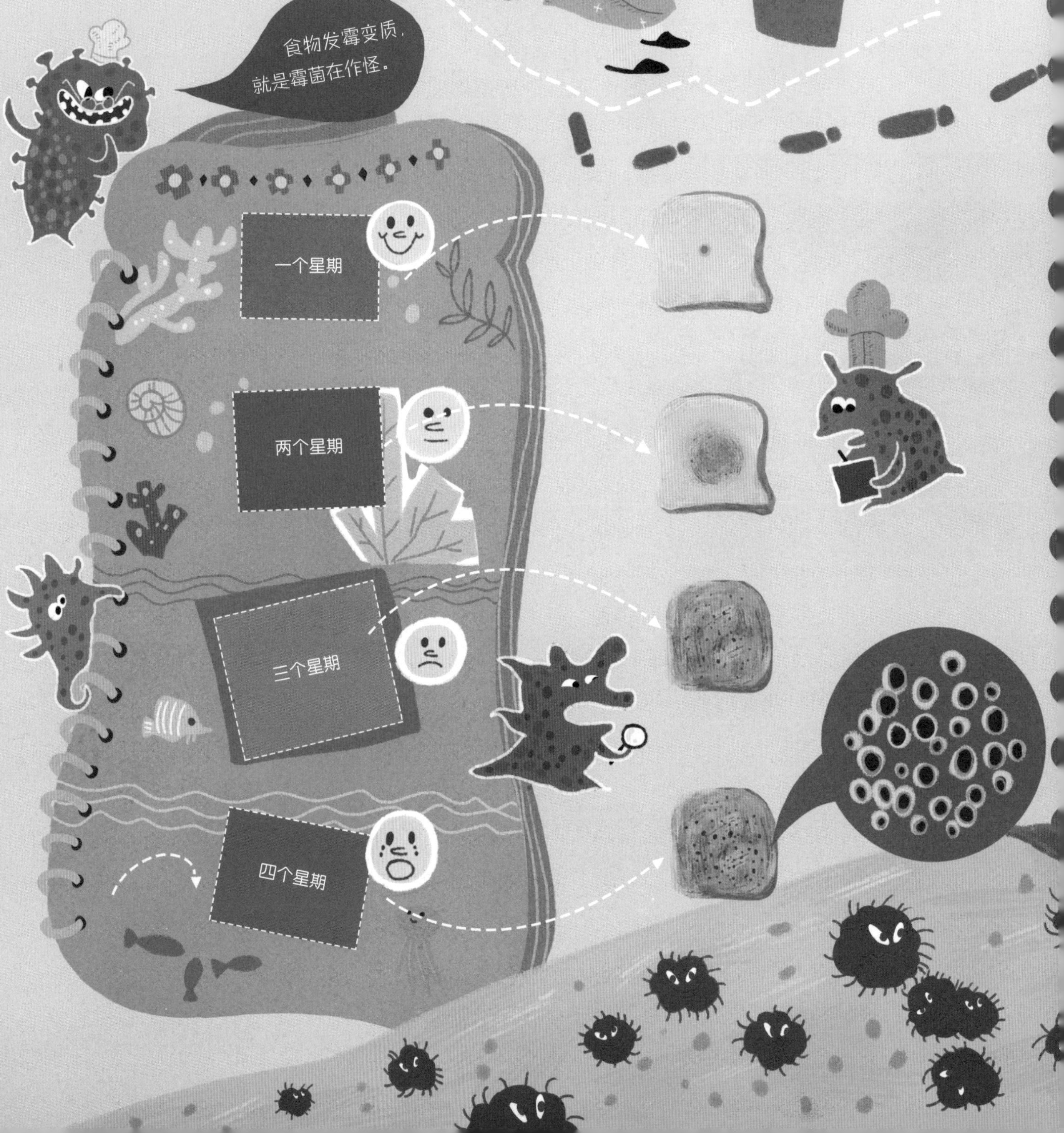

食物发霉变质，就是霉菌在作怪。

一个星期

两个星期

三个星期

四个星期

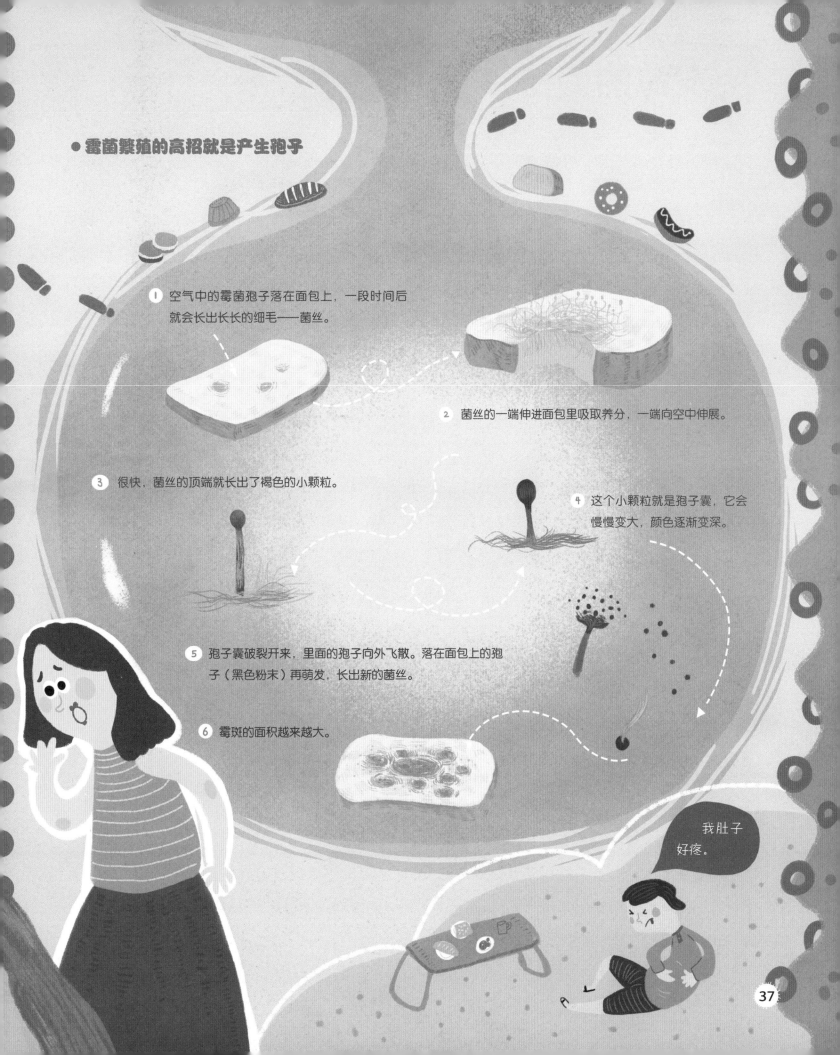

● 霉菌繁殖的高招就是产生孢子

1 空气中的霉菌孢子落在面包上，一段时间后就会长出长长的细毛——菌丝。

2 菌丝的一端伸进面包里吸取养分，一端向空中伸展。

3 很快，菌丝的顶端就长出了褐色的小颗粒。

4 这个小颗粒就是孢子囊，它会慢慢变大，颜色逐渐变深。

5 孢子囊破裂开来，里面的孢子向外飞散。落在面包上的孢子（黑色粉末）再萌发，长出新的菌丝。

6 霉斑的面积越来越大。

我肚子好疼。

发酵的奥秘

生活中应用到发酵的地方很多，制作面包、酿酒、制醋等都需要发酵。早在数千年前，我们的祖先就已经利用发酵制作美食了，只是那时的他们并不知道，引起发酵的是一种神奇的真菌——酵母菌。

发酵利器——酵母菌

基本属性：单细胞真菌，肉眼不可见。

本领：发酵（分解糖类产生酒精和二氧化碳等）。

主要应用：食品制作。

二氧化碳　　酒精　　二氧化碳

默默地发生

在发酵的过程中，忙碌的酵母菌会一点点变多。

看我的分身术，变！

发酵的美味

很多美食的制作过程中都利用了发酵的原理!

面包

在制作面包时加入酵母,酵母发酵会产生大量气体。这些气体因为被面团包住无法跑出去,受热膨胀后会使面团变得膨松,这正是面包松软可口的原因。

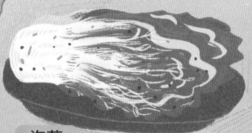

泡菜

制作泡菜时,需要为食材创造一个密封的环境。各种鲜嫩的蔬菜混合配料、淡盐水在密封环境中经过发酵,就会变成一种带酸味的腌制蔬菜,吃起来十分爽口。

葡萄酒

制作葡萄酒的葡萄皮上含有天然酵母,在酵母的作用下,葡萄果肉中的糖会转化成酒精。酒精与葡萄的本味融合,就形成了口感独特的葡萄酒。

真菌界的"怪诞事件"

真菌热衷于分解，但并不是所有的真菌都以死亡的生命为食。一些真菌会进入活的动物体内，然后就会发生一系列奇妙的事情。

虫子的跨界变身

在自然界中，生活着一种奇特的真菌——冬虫夏草。

虫草蝙蝠蛾是生活在青藏高原的一种小飞蛾，它们把宝宝产在温暖、潮湿又疏松的土壤中。

真菌释放出的孢子进入土壤，遇到了虫草蝙蝠蛾幼虫，孢子借机钻进幼虫身体。

这是"冬虫"。

这是"夏草"。

孢子进入幼虫身体后会长出无数菌丝，之后它会迫使受感染的幼虫爬到离地面很近的地方，最终虫体会头朝上死去。

第二年夏天，幼虫尸体的头部会长出一棵长长的"草"，这其实是它身体内真菌长出的"果实"。

被操控的蚂蚁

真菌寄生到动物身体里面，不仅会使动物"变身"，还会使它们成为自己的"精神傀儡"，完全照自己的指示行动。

一种叫偏侧蛇虫草菌的真菌落在一只蚂蚁身上，它侵入了蚂蚁的身体，分泌出化学物质，最后控制住蚂蚁的大脑。

蚂蚁丧失自我意识后，开始迅速"奔跑"，这是为了快速前往偏侧蛇虫草菌喜欢的地方——光照、湿度都合适的高处。

到达目的地后，偏侧蛇虫草菌会迫使蚂蚁死死地咬住一个地方，以便它把身体牢牢地固定在那里。

蚂蚁体内的菌丝快速生长，很快就会有菌柄生长出来。

一段时间之后，菌柄上的孢子被释放出来，更多的蚂蚁会在不知不觉中被感染。

偏侧蛇虫草菌的这种行为，有时甚至可以毁掉整个蚁群。

巧用真菌的动植物

在自然界中，动物、植物跟微生物之间有着密不可分的联系，它们很多时候都受到了来自真菌的恩惠。

种植真菌的切叶蚁

在美洲热带丛林中，生活着一种奇特的蚂蚁——切叶蚁。它们不吃树叶，而是把树叶切成块，然后带回巢穴发酵成食物。

块状树叶（切割）

切叶蚁用它强壮的下颚将新鲜的树叶切割成块，然后搬回巢穴。

我的下颚像剪刀一样锋利！

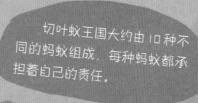

切叶蚁王国大约由10种不同的蚂蚁组成，每种蚂蚁都承担着自己的责任。

蚂蚁军团（搬运）

切叶蚁把切割成块状的叶片搬回巢穴，一路浩浩荡荡，队伍有100多米长。

加快步伐，回家"种"粮食！

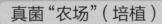真菌"农场"（培植）

搬回巢穴的块状叶片会被切叶蚁嚼碎，然后铺在它们的"农业基地"上。

● 在里面放入真菌。

● 用不了多久，碎叶上的真菌就会长出毛茸茸的"小蘑菇"，这便是切叶蚁的食物。

难道切叶蚁比人类更早掌握了培植技术？

切叶蚁的"真菌花园"。

依靠真菌发芽的天麻

天麻没有根也没有叶，它的生长需要依靠一种叫蜜环菌的真菌帮忙。蜜环菌进入天麻块茎里面，为天麻提供"养料"，这样天麻才会发芽、长大。

谢谢蜜环菌帮助我们成长。

五花八门的传播方式

病毒、细菌等微生物的传播方式多种多样，在这方面它们真可谓是无与伦比的"飞行家"。

空气传播

经水传播

食物传播

动物传播

土壤传播

接触传播

医源性传播

未消毒的针头

母婴传播

不可大意的宠物

　　宠物身上的很多致病微生物不仅对宠物本身有致病性，还可能会传染给人类，使人生病。所以，我们要定期给宠物打疫苗、及时清理宠物垃圾。

大肠杆菌

狂犬病病毒

沙门菌

犬细小病毒

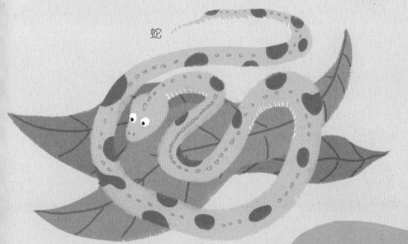

蝙蝠

蛇

危险的野生动物

　　蝙蝠身上携带着许多种病毒，像埃博拉病毒这种高致病性病毒最早就是在蝙蝠体内发现的。

　　蛇体内含有大量寄生虫和病毒，而且其中很大一部分能传染给人类。这些寄生虫和病毒可能会引发败血症、心包炎等疾病，致使人们的脏器受损，严重时甚至会危及生命。

你们的名字里有"蝠"字，难道你们象征着福气？

你听谁说的，这有什么科学依据？！

防护小常识

警惕家中的微生物

抑制家中微生物滋生的简单方法：

用70℃以上的水蒸、煮或烫。

妈呀，太烫了！

利用辐射赶走病菌，比如阳光照射、紫光灯照射等。

呼！好热，这么晒会出"菌命"的。

冷藏或冷冻。冷藏能减缓微生物的生长速度，冷冻能把它们中的一部分杀死。

太冷了，我要抱紧我自己。

保持室内干燥，经常通风、换气。

水，我需要水！

消毒清洗，比如使用消毒液、肥皂等。

好晕，我好像中毒了。

容易藏污纳垢的地方要经常清洁。

又要被赶出门了，我想静静。

经常更换容易藏菌的用品，如抹布、牙刷等。

46

七步洗手法

公交车把手、超市手推车、钱币表面等都隐藏着无数的细菌，而这些都是我们日常生活中经常接触到的地方，所以回到家我们要先洗手，这样能够减少外界细菌或病毒的侵入。

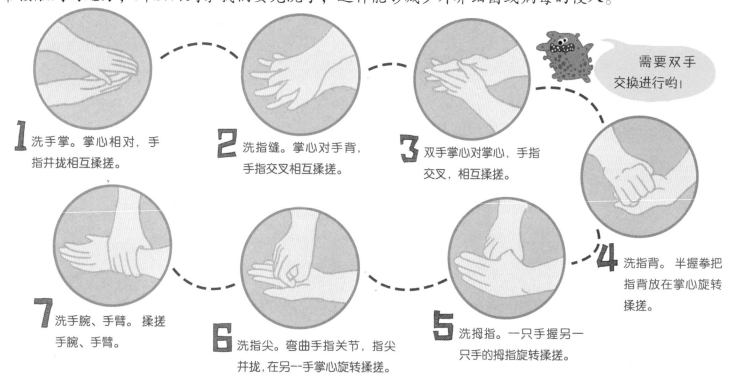

需要双手
交换进行哟！

1 洗手掌。掌心相对，手指并拢相互揉搓。

2 洗指缝。掌心对手背，手指交叉相互揉搓。

3 双手掌心对掌心，手指交叉，相互揉搓。

4 洗指背。半握拳把指背放在掌心旋转揉搓。

5 洗拇指。一只手握另一只手的拇指旋转揉搓。

6 洗指尖。弯曲手指关节，指尖并拢，在另一手掌心旋转揉搓。

7 洗手腕、手臂。揉搓手腕、手臂。

增强自身免疫力

只有免疫力增强了，才能更好地抵挡病毒和细菌的侵入。

- 规律作息，早睡早起。
- 不挑食，保持营养均衡。
- 爱运动，加强体育锻炼。

告诉妈妈的厨房卫生知识

- 煮饭前洗手。
- 定期清洁或更换厨房用品。
- 冰箱、洗碗机等要定期清洁，洗碗布要定期除菌、更换。
- 做饭时，要使整个食物的烹饪温度在70℃以上。

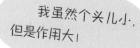

我虽然个头儿小，但是作用大！

口罩的重要性

在公共场合或人员密集的场所，一定要记得带口罩哟。

口罩能够有效地阻挡病毒和细菌的侵入。

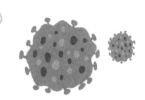

图书在版编目（CIP）数据

看不见的生物——病毒、细菌 / 恐龙小Q少儿科普馆编. — 长春 : 吉林美术出版社，2022.5
（小学生趣味大科学）
ISBN 978-7-5575-7003-3

Ⅰ.①看… Ⅱ.①恐… Ⅲ.①微生物—少儿读物Ⅳ.①Q939-49

中国版本图书馆CIP数据核字(2021)第210671号

XIAOXUESHENG QUWEI DA KEXUE
小学生趣味大科学
KANBUJIAN DE SHENGWU BINGDU、XIJUN
看不见的生物 病毒、细菌

出 版 人　赵国强
作　　者　恐龙小Q少儿科普馆 编
责任编辑　邱婷婷
装帧设计　王娇龙
开　　本　650mm×1000mm　1/8
印　　张　7
印　　数　1—5,000
字　　数　100千字
版　　次　2022年5月第1版
印　　次　2022年5月第1次印刷

出版发行　吉林美术出版社
地　　址　长春市净月开发区福祉大路5788号
邮政编码　130118
网　　址　www.jlmspress.com
印　　刷　天津联城印刷有限公司

书　　号　ISBN 978-7-5575-7003-3
定　　价　68.00元

恐龙小 Q

　　恐龙小 Q 是大唐文化旗下一个由国内多位资深童书编辑、插画家组成的原创童书研发平台，下含恐龙小 Q 少儿科普馆（主打图书为少儿科普读物）和恐龙小 Q 儿童教育中心（主打图书为儿童绘本）等部门。目前恐龙小 Q 拥有成熟的儿童心理顾问与稳定优秀的创作团队，并与国内多家少儿图书出版社建立了长期密切的合作关系，无论是主题、内容、绘画艺术，还是装帧设计，乃至纸张的选择，恐龙小 Q 都力求做到更好。孩子的快乐与幸福是我们不变的追求，恐龙小 Q 将以更热忱和精益求精的态度，制作更优秀的原创童书，陪伴下一代健康快乐地成长！

原创团队

创作编辑：大阳阳

绘　　画：魏　楠

策 划 人：李　鑫

艺术总监：蘑　菇

统筹编辑：毛　毛

设　　计：王娇龙　乔景香